No espaço, tem um planeta que é o mais alegre de todos.

É um planeta Azul.

Uma bolinha azul no meio dos outros planetas.

Essa bolinha azul, se chama TERRA.

E a TERRA tem uma amiguinha inseparável. Uma bolinha

Cinza. Seu nome é LUA.

A TERRA e a LUA tiveram um plano muito engraçado.

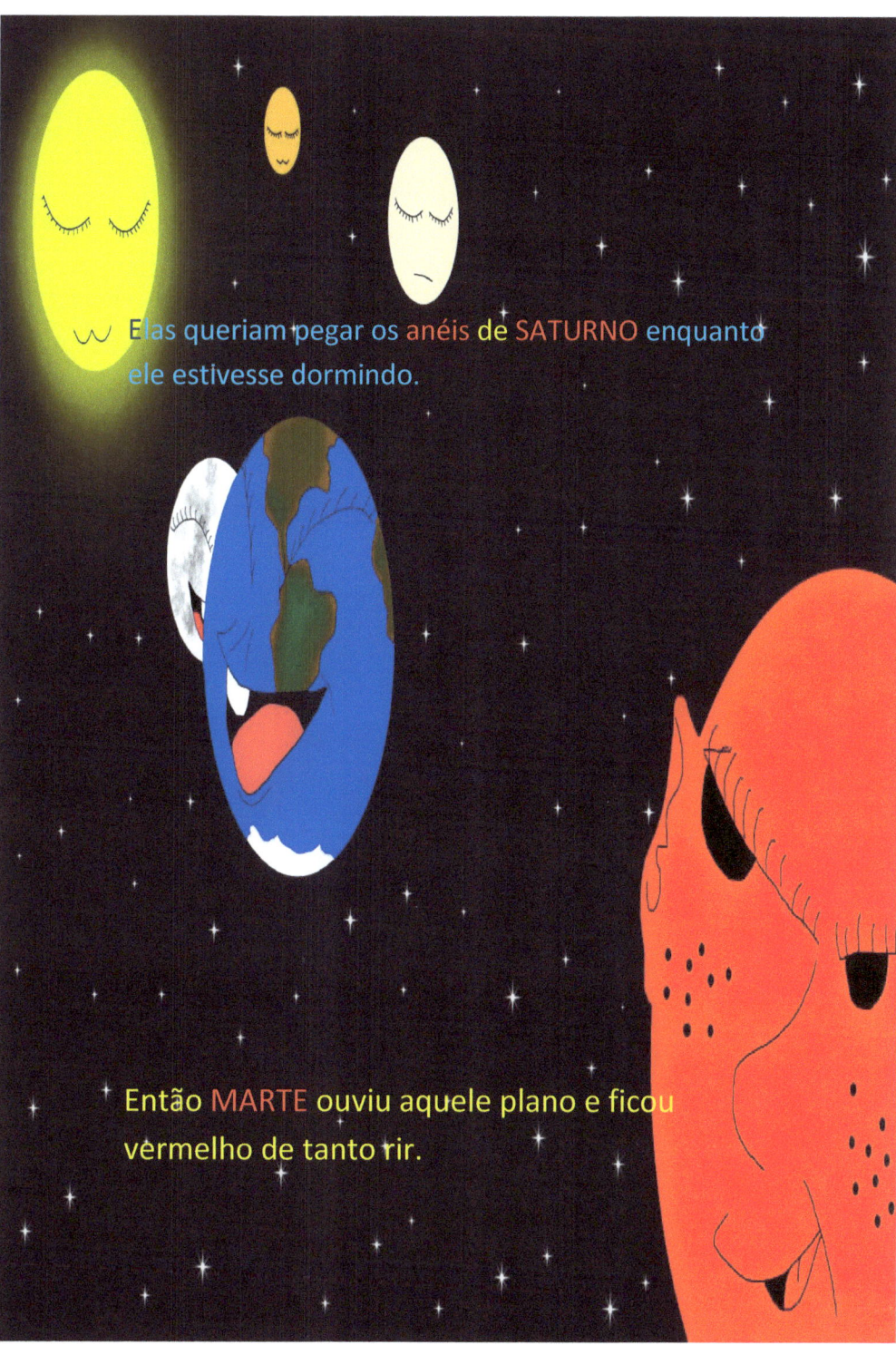

Mas URANO, NETUNO e JÚPITER não gostaram do plano daqueles dois brincalhões.

E criaram um plano.

O plano era acordar seu vizinho SATURNO quando vissem a TERRA e a LUA se aproximando.

A TERRA percebeu e cochichou com a LUA," é hoje amiga ".

Elas viram que NETUNO, URANO e JÚPITER também estavam na soneca, e logo ficaram animadas a colocar seu plano em prática.

MERCÚRIO e VÊNUS são os maiores fofoqueiros da galáxia, é claro que todo mundo sabe disso, mas nossos dois brincalhões esqueceram desse detalhe.

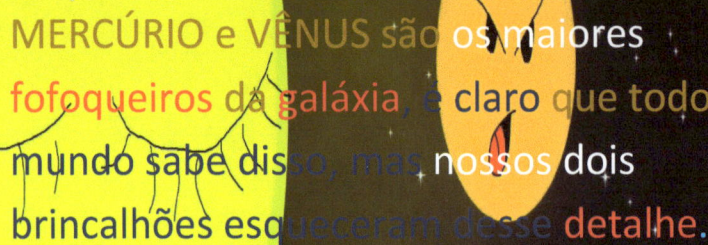

Mas a TERRA e a LUA esqueceram de MERCÚRIO e VÊNUS, que são os mais próximos do papai, o SOL.

Aí foram em direção ao planeta dorminhoco, pra pegar seus anéis.

Quando passaram por MARTE, tiveram que dizer " xiiiiiiii ", pois seu amiguinho vermelho estava gargalhando muito alto.

MARTE teve que segurar a gargalhada pois sua amiguinha estava determinada a concluir sua aventura sapeca.

Enfim chegaram em SATURNO, mas antes deram uma olhadinha e viram que URANO e NETUNO também tiravam a sua soneca noturna.

E finalmente conseguiram pegar o anel de seu amiguinho.

E passaram a noite inteira brincando com aquele gigante e divertido adorno.

Quando Marte não se conteve de ver a peraltice de suas vizinhas, e caiu na gargalhada, que acabou despertando VÊNUS e MERCÚRIO.

Que não perderam tempo em avisar ao papai.

Foi aí que o papai SOL, apareceu com uma solução brilhante para dar um castigo as duas brincalhonas.

De verdade não seria um castigo, mas sim uma tarefa.

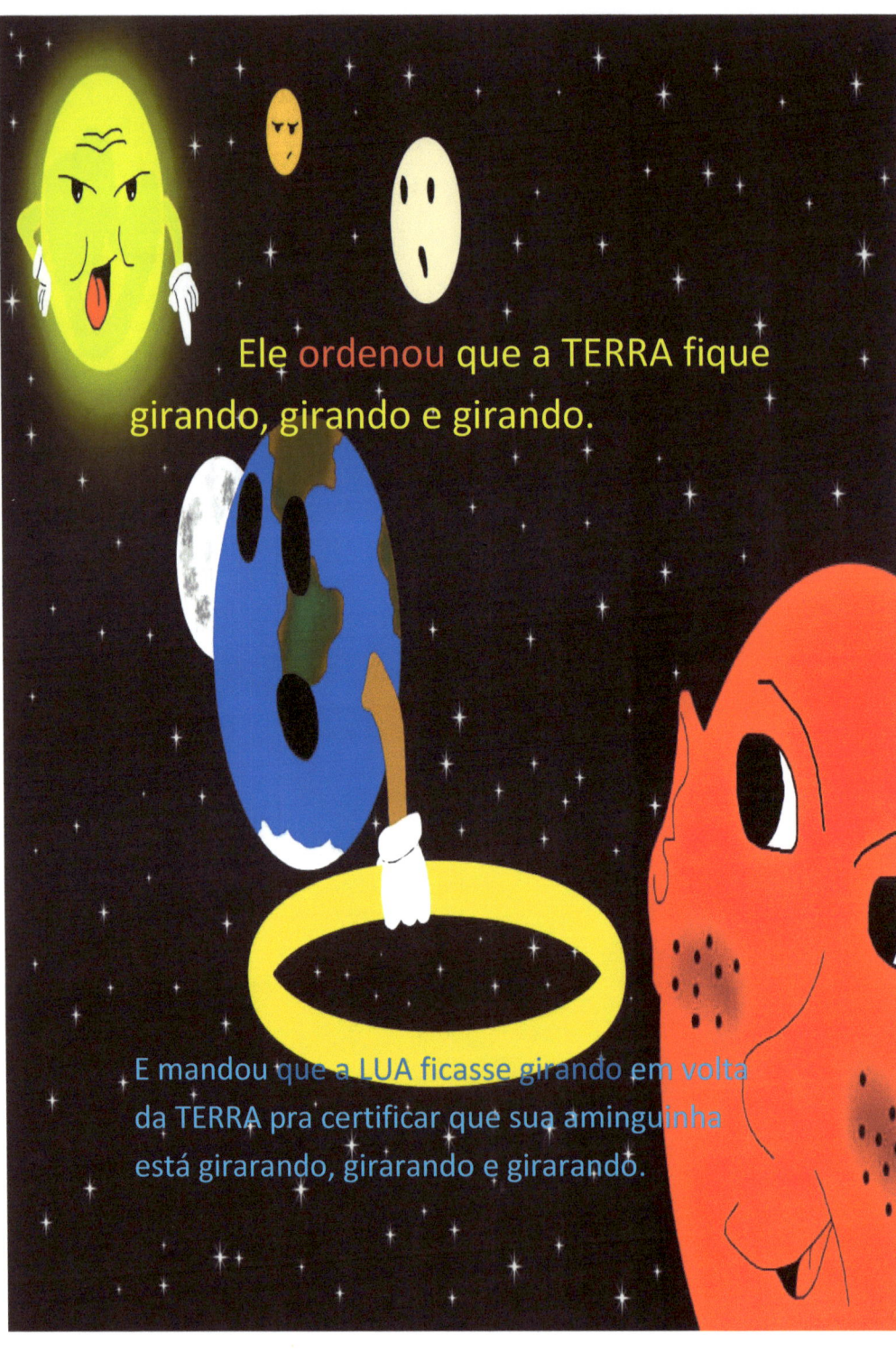

Então a TERRA devolveu o anel de SATURNO, e lhe pediu desculpas pela brincadeira sapeca.

Quando percebeu que aquela punição de girar, girar e girar, até que era divertida.

Por isso que ela gira, gira e gira para todo o sempre.

FIM

GLOSSÁRIO

Aventura (Substantivo Feminino. Circunstância ou lance acidental, inesperado; peripécia, incidente.)

Sapeca (Substantivo Feminino. Na Bíblia = É um sábio instruído, equipado com a capacidade intelectual de fazer peraltices.)

Terra (Substantivo Feminino = 1. ASTRONOMIA = Planeta do Sistema Solar, o terceiro quanto à proximidade do Sol, habitado pelo homem ☞ inicial maiúsc. 2. A superfície sólida da crosta terrestre onde pisamos, construímos etc.; chão, solo.)

Anéis (Substantivo Masculino. Círculo de matéria dura, a que se prende alguma coisa; elo; argola. Pequeno círculo de ouro, prata etc., com pedra preciosa ou outro.)

Saturno (Substantivo Masculino = 1. ASTRONOMIA = em relação ao Sol e em ordem crescente, o segundo e maior planeta do Sistema Solar ☞ inicial maiúsc. 2. ALQUIMIA = O Chumbo.)

Marte (Substantivo Masculino = 1. ASTRONOMIA = O quarto planeta, a partir do Sol ☞ inicial maiúsc. 2. FIGURADO (SENTIDO)•FIGURADAMENTE = cabo de guerra; guerreiro.)

Urano (Substantivo Masculino = 1. ASTRONOMIA = O sétimo planeta do Sistema Solar, pela ordem de afastamento do Sol ☞ inicial maiúsc. 2. QUÍMICA = Óxido de Urânio UO2, inicialmente considerado como uma substância simples, e que foi decomposto em 1841.)

Netuno (Substantivo Masculino = 1. ASTRONOMIA = O Oitavo planeta do Sistema Solar, pela ordem de afastamento do Sol ☞ inicial maiúsc. 2.

MITOLOGIA = Entre os Romanos, divindade que governa o mar ☞ inicial maiúsc.)

Júpiter (Substantivo Masculino = 1. [Mitologia] O pai dos deuses. ASTRONOMIA = 2. Planeta entre Marte e Saturno)

Cochichou ([Figurado] Dizer em voz baixa ao ouvido de alguém)

Prática (Substantivo Feminino = 1. Ato ou efeito de praticar. 2. O que é real, não é teórico; realidade)

Mercúrio (Substantivo Masculino = 1. ASTRONOMIA = O planeta mais próximo do Sol ☞ inicial maiúsc. 2. QUÍMICA = Elemento químico de número atômico 80 (símb.: Hg) [Us. em termômetros, barômetros, amálgamas de obturações odontológicas, separação do ouro de areias auríferas etc.; anteriormente denominado hidrargírio ou hidrargiro.] ☞ cf. TABELA PERIÓDICA.)

Vênus (Substantivo Feminino = ASTRONOMIA = Segundo planeta em ordem de afastamento do Sol, com órbita entre Mercúrio e a Terra ☞ inicial maiúsc.)

Sol (Substantivo Masculino = 1. Estrela que faz parte da Via Láctea e que é o centro do Sistema Planetário, do qual participa a Terra ☞ inicial maiúsc. 2. POR EXTENSÃO = Qualquer estrela, esp. aquelas que tb. são centro de um sistema planetário.)

Fofoqueiros (Adjetivo Substantivo Masculino = INFORMAL•BRASILEIRISMO = Que ou aquele que faz fofoca, que se intromete em assuntos alheios)

Galáxia (Substantivo Feminino = ASTRONOMIA = 1. Sistema estelar isolado no espaço cósmico, ao qual pertencem o Sol e mais de cem bilhões de estrelas, nebulosas, aglomerados, poeira e gás; Via Láctea ☞ inicial maiúsc. 2. Sistema estelar análogo à galáxia.)

Detalhe (Substantivo Masculino = 1. Ato ou efeito de detalhar. 2. Narração ou exposição circunstanciada ou minuciosa; pormenor, minudência, particularidade.)

Gargalhando (Substantivo Masculino = DEFINIÇÃO = Rir em voz alta)

Determinada (Adjetivo = Que expressa decisão, convicção, certeza sobre alguma coisa; decidida: estava determinada a entrar na escola. Que se consegue determinar, estabelecer, resolver ou decidir; estabelecida.)

Concluir (Estabelecer um parecer acerca de alguma coisa; firmar: concluiu o negócio. verbo transitivo direto e bitransitivo. Obtém uma resolução a partir do raciocínio e/ou da observação; deduzir ou inferir: concluiu (a partir da observação dos dados) que permanecia tendencioso)

Encrenqueiras ([Brasil] Pop. Que ou aquele que faz encrenca. Reclamador. Criador de casos.)

Pianinhas ([Brasil] Pop. Que não faz barulho)

Noturna (Que se faz de noite. Que anda de noite. Liturgia Parte do ofício das matinas, que se compõe de certos salmos e lições)

Adorno (Substantivo Masculino = 1. Aquilo com que se orna ou enfeita (alguém ou algo); ornato, atavio, adornamento.)

Conteve (Conteve vem do verbo conter. O mesmo que: moderou, sofreou, sustou.)

Peraltice (Substantivo Feminino = 1. Qualidade de peralta. 2. Atitude ou estilo de vida de peralta)

Despertando (Despertando vem do verbo despertar. O mesmo que: acordando, avidando, manifestando, induzindo, instigando, avivando, ativando, iniciando, provocando.)

Solução (Substantivo Feminino = 1. Aquilo que resolve, soluciona (problema, dificuldade etc.); saída, recurso. 2. Resposta correta a uma questão (de prova, teste, problema, charada etc.))

Tarefa (Substantivo Feminino = Qualquer trabalho, manual ou intelectual, que se faz por obrigação ou voluntariamente.)

Ordenou (O mesmo que: arrumou, dispôs, organizou, estabeleceu, mandou, prescreveu, determinou, instaurou, instituiu.)

Autor : Bruno dos Santos Pereira

Ilustrador : Bruno dos Santos Pereira

www.ingramcontent.com/pod-product-compliance
Lightning Source LLC
Chambersburg PA
CBHW041946240526
45473CB00033B/623